浪花朵朵

哲学家
与孩子
谈幸福

[荷]斯汀娜·彦森 著

[荷]卡斯特-杨内克·洛噶尔 绘

蒋佳惠 译

上海文化出版社

图书在版编目（CIP）数据

哲学家与孩子谈幸福 / （荷）斯汀娜·彦森著；
（荷）卡斯特-杨内克·洛噶尔绘；蒋佳惠译. -- 上海：
上海文化出版社，2021.10（2024.11重印）
ISBN 978-7-5535-2395-8

Ⅰ.①哲…Ⅱ.①斯…②卡…③蒋…Ⅲ.①幸福—
通俗读物 Ⅳ.①B82-49

中国版本图书馆CIP数据核字(2021)第199201号

Feestje in mijn hoofd
© Uitgeverij Kluitman Alkmaar B.V.
© Text: Stine Jensen
© Illustrations: Karst-Janneke Rogaar
Design: Mariska Cock

The simplified Chinese translation rights arranged through Rightol Media（本书中
文简体版权经由锐拓传媒旗下小锐取得Email：copyright@rightol.com）
This publication has been made possible with financial support from the Dutch
Foundation for Literature.
本书由荷兰文学创作与翻译基金会赞助出版，特此感谢。

本书中文简体版权归属于银杏树下（上海）图书有限责任公司
著作权合同登记号图字：09-2021-0820

出 版 人	姜逸青	出版统筹	吴兴元
项目统筹	尚　飞	责任编辑	葛秋菊
责任监制	王　頔	特约编辑	宋燕群
装帧设计	墨白空间·李易	版面设计	文明娟

书　　名	哲学家与孩子谈幸福
著　　者	［荷］斯汀娜·彦森
绘　　者	［荷］卡斯特–杨内克·洛噶尔
译　　者	蒋佳惠
出　　版	上海世纪出版集团　上海文化出版社
地　　址	上海市闵行区号景路159弄A座3楼　201101
发　　行	后浪出版公司
印　　刷	北京盛通印刷股份有限公司
开　　本	787×1092　1/20
印　　张	6.2　　　　　字　　数　　40千字
版　　次	2021年10月第一版　2024年11月第七次印刷
书　　号	ISBN 978-7-5535-2395-8/B.018
定　　价	68.00元

目 录

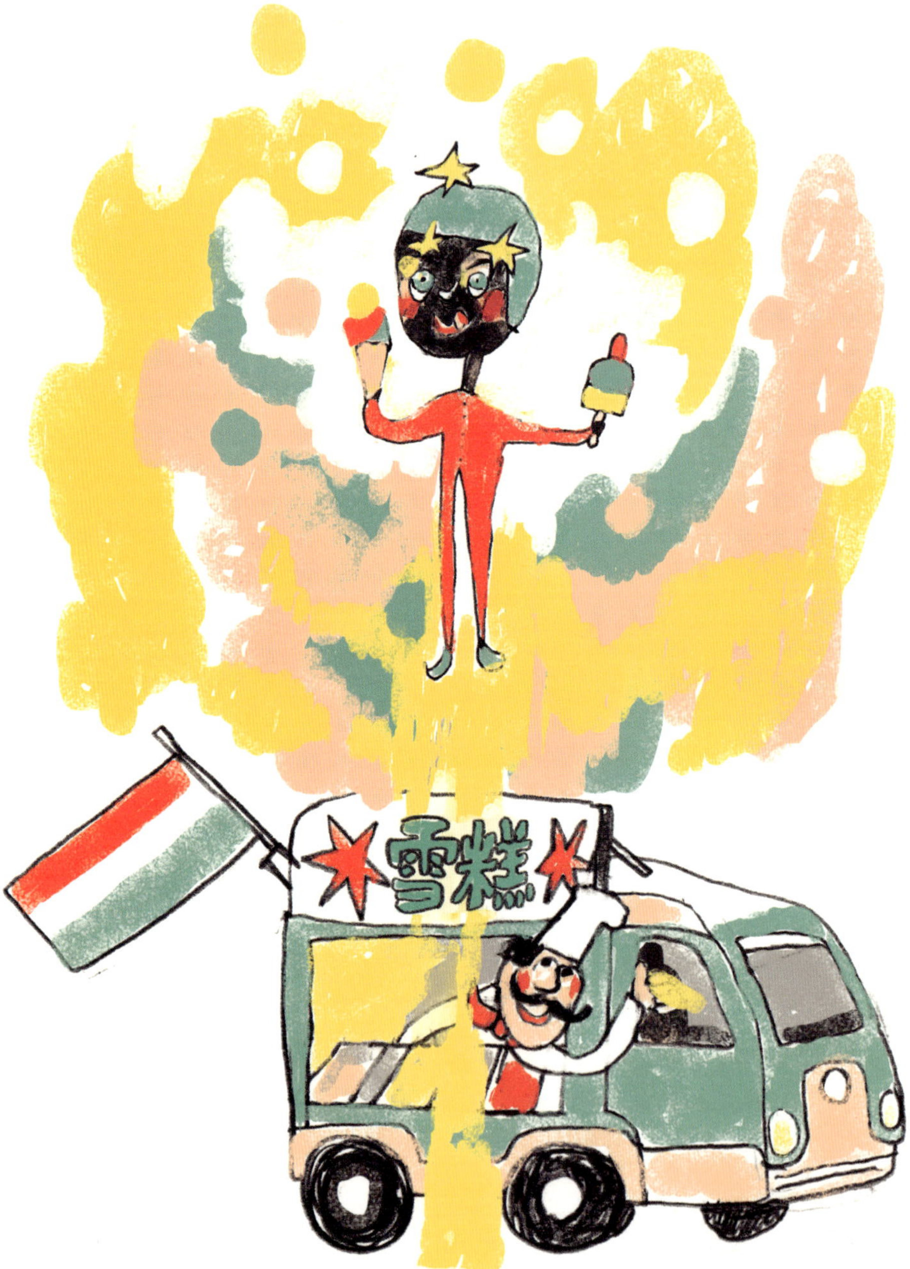
雪糕

引言
什么是幸福?

幸福是……把这句话补充完整。在你看来，什么是幸福?

幸福是……和我的家人在一起。

幸福是……信箱里蹦出个唐老鸭。

幸福是……有冰激凌吃。

幸福是……能游泳。

幸福是……我脑袋里的派对。

幸福是……开心得飘飘欲仙。

当你诉说什么是幸福的时候，你描述的往往是让你自己感到幸福的事情。

再仔细看看这张清单。你也许会感到意外：幸福被划分成了两种方式。它可以是一件好玩的事情：游泳、吃冰激凌；也可以是一种愉快的感受——一切顺利，你感到很高兴。

尽管幸福没法被攥在手心里，可我们还是常常会说一个人"幸运"还是"不幸运"。举个例子吧，我们会说："你可真幸运啊!"不过，幸运的人

不一定就是幸福的人噢。

遇到开心的事情的确可以让人感到幸福，可是，也不见得回回都让人感到幸福。所以说，幸运和幸福是截然不同的。

你有没有过十分幸运的经历呢？
你有没有感受过幸福呢？

让我来给你讲一个故事，故事的主人公是一个男孩，他既倒霉过，也幸运过，有时候感到十分不幸，有时候却又感到非常幸福。

五岁的萨罗是家里年龄最小的孩子，他出生在印度一个贫穷的家庭。有一天，他强烈要求跟十岁的哥哥一起去工作。哥哥总是深夜出门工作，做着十分繁重的活儿。在萨罗的一再要求下，哥哥便带上了他。他们来到一座火车站，那里矗立着一座高塔。萨罗累极了，一点活儿也干不动了，于是他躺倒在火车站的一张长椅上。哥哥决定把他留在那里，让他好好睡一觉。萨罗一觉醒来时，怎么也找不到哥哥的踪影。于是，他爬上一辆停靠在站台上的火车，又沉沉地睡了过去。等他再次醒来的时候，火车正一路飞驰。萨罗被吓坏了，想要下车，可这压根儿就不可能。他来到了一座繁华的大城市，放眼望去，没有一个认识的人，也没有任何人搭理他。最

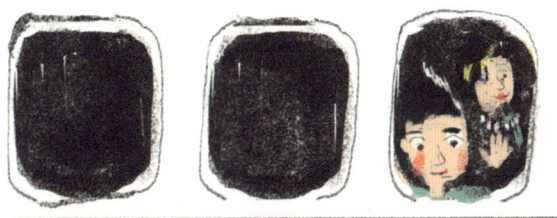

终，有人把他送到了孤儿院。某个来自澳大利亚的有钱人家从众多男孩中选中并领养了他。他得以在富有的家庭里长大。二十岁那年，他很想了解自己的过去，便开始寻找自己的亲生母亲。

　　他记得，自己在火车上睡了大约一整晚。经过大量的推算：那个年代的火车行驶速度是多少，他出生的村庄有可能在什么地方？偶然间，他在谷歌地图上找到了火车站的准确位置。那里有他记忆中的高塔。他的母亲依然在世，母子俩紧紧相拥，他们感到无比幸福。之后，他听到了一则伤心的消息——原来，同样是在那个夜晚，他的哥哥在工作中发生意外去世了。不管怎么说，萨罗还是很高兴能了解到自己的身世。

这是一个真实的故事，出自萨罗·布莱尔利所著的《漫漫寻家路》一书。他的书被翻拍成了电影，名字叫《雄狮》。这部电影很精彩，很多人都看哭了。这个故事告诉我们，有时候，人凭着幸运才恰好走上正道；有时候，却又会因为倒霉而让事情朝另外的方向发展。很多时候，巧合起到了至关重要的作用。

你是一个倒霉鸟还是幸运儿？

有些人说，"倒霉鸟"这个说法是从很久以前流传下来的。假如你在课堂上犯了错误，老师就会把一只用布扎成的鸟丢到你身上。你得把这只鸟送回到老师面前，然后挨一顿揍。这只鸟被称为"倒霉鸟"。谁也不愿意当倒霉鸟，大家都希望自己幸福。我们把幸福看得非常重要，以至于家长们喜欢给孩子取含有"幸运"意味的名字。全世界总共有 157 个意为"幸运"的名字。你也许听说过，有些荷兰女孩名叫米尔特，这个名字的意思是"带来幸运的人"。有的阿拉伯女孩名叫马泽尔，听起来很像"好运"的音译。有些男孩名叫泰格，这个名字是从希腊语 tuchè 一词变形而来，意思是"幸运"或者"幸福"。叫"幸运"总比叫"不幸"来得好。要知道，有些名字的意思就是不幸！马洛里就是其中之一。

关于幸运，人们思考了一个又一个世纪。说到什么能让人幸福，人类的想法随着时间的推移产生了不同的变化。对于古希腊哲学家亚里士多德（公元前 384 年—公元前 322 年）来说，幸福感是生命中最重要的。他把它称为"生命的意义和目的"。他列举了各种能令人感到幸福的东西——财富、子孙、权势、成功、美貌、健康。至于为什么说幸福是最重要的嘛，在他看来，是因为幸福总是最终答案。你可以随便问一个人，他最想要的东西是什么。

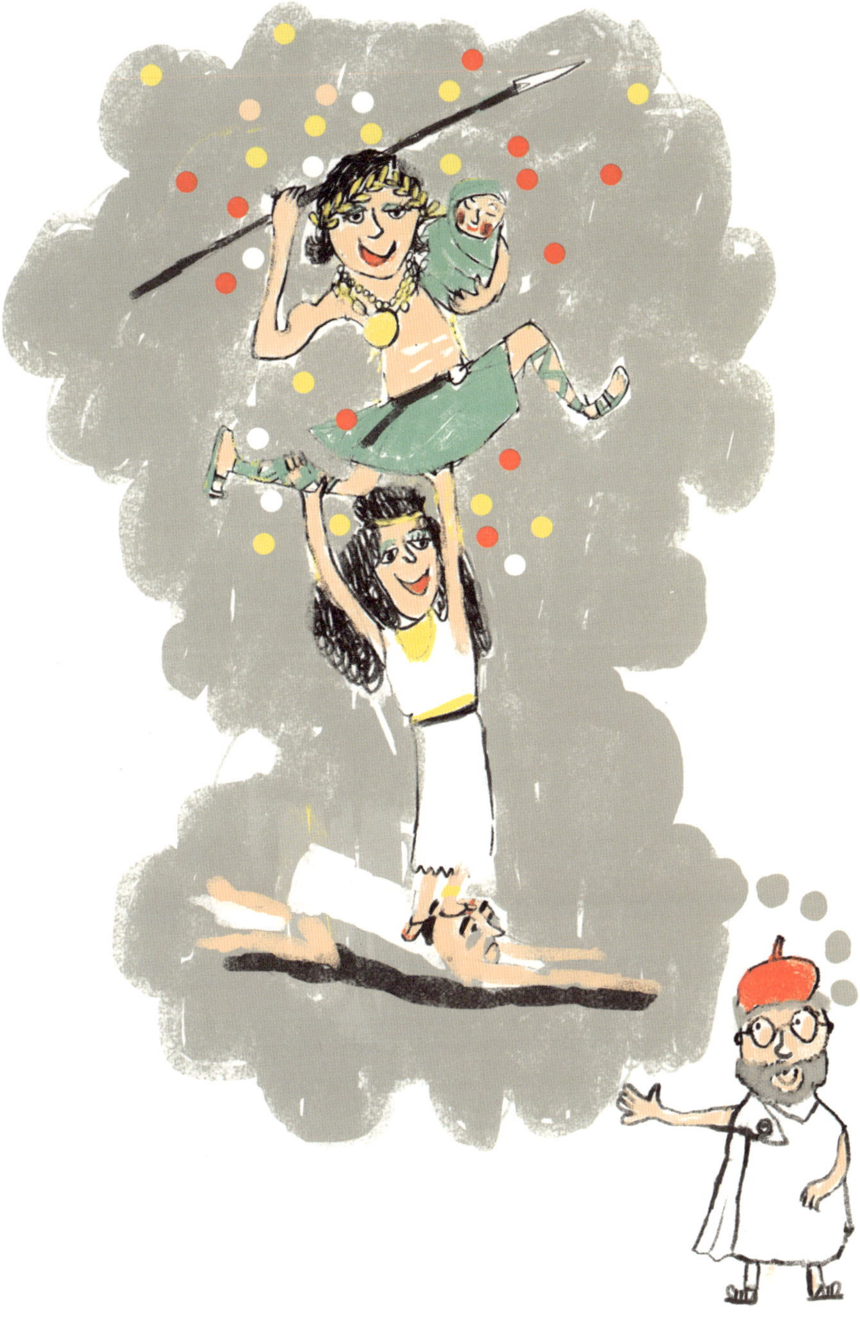

"你最想要的东西是什么？"

"一辆崭新的、漂亮的自行车。"

"你为什么想要一辆崭新的、漂亮的自行车？"

"因为有了它，我就能独自骑车去上学，而且所有人都能看见我骑着一辆漂亮的自行车。"

"你为什么想要独自骑车去上学，而且想让所有人都能看见你骑着一辆漂亮的自行车？"

"因为这会让我感到幸福。"

只要你不停地追问，最终一定会得到"因为这让我感到幸福"这个答案。

你最想要的东西是什么？为什么？

尽管如此，亚里士多德还认为"稳健"比生命中一切让人愉悦的事情都重要得多。他想表达的意思是人们应当学会举止得体，成为一个"好"人。这也就是说，不要做错事，要努力工作，多多学习，帮助他人。拥有了好的性格，就经得起艰难时光的考验。

最著名的幸福哲学家伊壁鸠鲁（公元前 341 年—公元前 270 年）也是这样认为的。他是一位坚持享乐主义的哲学家。享乐主义的意思就是享受生活。不过，他的意思可不是让你用冰激凌填饱肚子，也不是让你整天在游乐场里游荡。不是这样的，你应该平静而又有节制地生活。所以说，每个星期吃一个冰激凌就够了，绝不能一天吃四个。

中世纪的时候，幸福也很重要，只不过，信仰变得愈发重要。显然，人们只有在死后才能找到永恒的幸福，毕竟，死了之后就能上天堂了。想要做到这一点，就一定要做一个好信徒，向上帝祈祷、为上帝效劳。

从十七世纪开始，人们对于幸福的看法发生了改变。首要问题变成了如何养成稳重的个性：举止得体，为社会、为他人或者为上帝做好事。人们越来越看重怎么让自己过得舒坦。我们没法替别人做决定，只能为自己做决定。要知道，能令我们感到幸福的事不见得也能让别人觉得高兴。

有些人喜欢休息，有些人喜欢跑步。幸福被越来越多地理解为身心愉悦——什么是让你享受的事？

十九世纪的人认为，只有当人们可以与他人分享幸福并且建立了自己的家庭时，他们才会感受到真正的幸福。家庭幸福万岁！老婆孩子热炕头。

到了二十世纪，个人的发展成了决定幸福与否的重要因素。人们不再满足于成家！只有能实现自我发展的人，才是幸福的人。他们对自己有足够的认知，也会通过上学和自我反省来提升自己。只有在一系列基本需求都得到满足的时候，你才会思考关于幸福的问题。你总得有吃有喝，有床睡觉，有瓦遮头。另外，你还得确信自己是安全的，有人相伴，不是孤身一人。只有这样，你才有工夫自我发展。1943 年，亚伯拉罕·马斯洛先生创建了一座漂亮的"金字塔"。之后，我们还会在这本书里提到它。

我们为什么要在幸福问题上花费这么多精力？生命的目的就是要幸福吗？说不定不幸也是其中的一部分呢。只有经历了不幸的时刻，才会感受到幸福。也许我们过度专注于消除生命中的不幸了。简单说来，就是：

人有没有可能过于幸福？

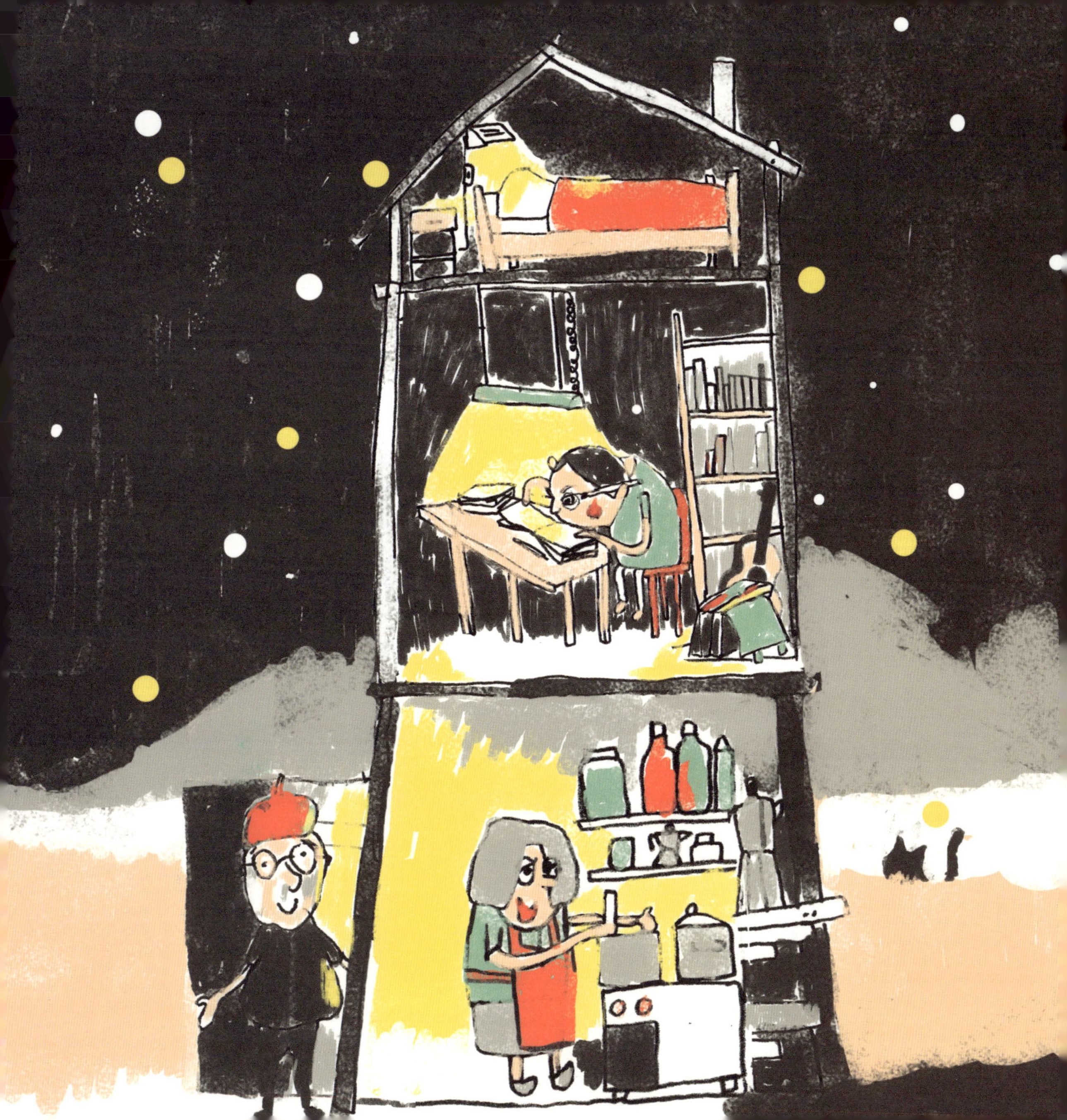

1. 幸福是怎么在你体内运转的?

幸福的时候，你有什么样的感觉？
你的身体会发生哪些变化？

　　每个人在感到幸福的时候，感觉也许会有所不同。有时候，当你感到幸福的时候，你会觉得自己像是飘了起来。你扬起嘴角、眨眨眼睛，一切都水到渠成。如果你很幸福，就会兴高采烈、欢呼雀跃、喜上眉梢。

　　恰恰相反，不幸的人会感到沉重。他们会低垂肩膀、耷拉脑袋、嘴角下垂。所有这一切都消耗更多精力。你会感到情绪低落，或者说是颓废。

　　幸福是向上的，不幸是向下的。尽管幸福是内心的感受，可是，有些时候，我们依然能从别人的脸上看出他们幸不幸福。不幸的人往往比幸福的人走得更慢，两眼盯着地面。幸福的人走起路来昂首挺胸，两眼炯炯有神。

　　其实，还有另一个小窍门。你的身体可以把你的大脑耍得团团转。当你感觉糟透了的时候，你可以努力

微笑，也可以尝试挺直腰杆走路，而不是弯腰驼背。有时候，你自然而然就会开心起来了。我们的身体可以通过这种方式糊弄我们的大脑。试试看吧！

　　说到我们的幸福感，它与我们身体里的物质有着很大关联。研究人员认为，主宰我们幸福感的荷尔蒙（又称激素），总共有四种——多巴胺、内啡肽、血清素和催产素。

　　多巴胺是送给大脑的奖赏。如果一个人设定了目标，并且实现了这些目标，就会感到十分满足。这是多巴胺得到释放的缘故。它也会激发我们尝试新鲜事物的积极性。举个例子，你正在学习12的乘法口诀或者练习一首很难的钢琴曲，突然间，你开窍了，于是你会感到十分幸福。这就是多巴胺。所有你喜欢做的事情，例如吃冰激凌、赢得比赛、喝最爱的饮料……这些都有利于多巴胺的释放。

　　第二种幸福物质叫做内啡肽。当人们进行包括体育运动在内的体力活动时，这类物质就被释放出来了。它能抑制疼痛，还能带给你无穷的幸福感。就拿每天跑步的人来说，他们的身体里就会分泌这种物质。他们甚至有可能迷

恋上这种感觉，从而对体育运动上瘾。运动使人幸福，这个说法也在喜欢跳舞的人身上得到了印证。只要你别在跳舞的时候纠结自己跳得够不够好这个问题，那么你往往就会跳得很快乐。要不然，跳舞就会少了几分自由，也少了几分快乐。

跳舞能给人带来幸福吗？
体育运动呢？

第三个是血清素。它是大脑里的一种物质，与情绪有着很大的关联。它负责驱赶抑郁或者其他的焦虑感受。晒太阳就有利于这种物质的分泌。

有些人一遇到寒冷或者阴雨绵绵的日子就会变得郁郁寡欢，一见到太阳就欢呼雀跃。每到那时，他们的血清素水平就会增高。有些人会吃一些药，让自己觉得幸福。这些药能给你的大脑送上额外的血清素，一时间，你的感觉好极了，就像是遇见了爱情，恨不得翩翩起舞，拥抱每一个人。有了血清素，你会觉得飘飘然。可是，因为你把库存用完了，所以，等到第二天药效过去之后，你就会觉得非常难受，摸不着头脑。人类尝试通过药和食物让自己变得更加幸福：只要吃了这个、那个，或者把这几种药混在一起使用，你就会感到更加幸福。我常常想，吃块巧克力就能看出效果啦。我只要一想到巧克力就觉得开心，它是在我感到不幸时带给我安慰的一剂良药。每到这种时候，我就会善待自己，喝一杯热饮，再来一块巧克力。还有一些药，能在你感到十分恐惧或者过分忧虑的时候，压制你的不幸感。它们被称作抗抑郁剂，同样以血清素为原理。它们降低不幸的感受，确保你的库存不会被消耗殆尽。在丹麦，人们也将它们称作"幸福丸"。这并不意味着只要吃上一粒，所有的烦恼全都被抛到脑后了。有些人是因为自己体内所分泌的血清素太少了而变得抑郁，有些人则是因为遇到不顺心的事才愁容满面。谈心也是一个解决办法，或者也可以采取药物和心理治疗相结合的方式。

第四种物质是催产素。当人们互相触碰或者拥抱的时候，它就会被分泌出来。当人们陷入爱情或者当女人有了宝宝的时候，她们的身体里就会

幸福是怎么在你体内运转的？

分泌出大量催产素，让她们忍不住要立刻抱抱刚生出来的小宝宝。因此，催产素也被称为"抱抱荷尔蒙"。小孩子往往也很喜欢抱抱。

你喜欢抱抱吗？

抱抱的时候，你觉得幸福吗？

这么说来，幸福和不幸福都与荷尔蒙有关，是身体和大脑间的相互作用。你可以通过物质和身体影响自己的感觉，不过，这远远不是幸福的全部。

　　幸福是怎么在你体内运转的？

小贴士！抱抱有利于释放良好的感觉。需要的时候，就去抱抱别人，或者让别人给你一个抱抱吧。

小贴士！当你感到悲伤或者觉得心情沉重的时候，就糊弄糊弄你的大脑，露出微笑，昂首挺胸。这样一来，你自然而然就会开心了。

名字：丹尼尔

年龄：8 岁

居住地：卡斯特里克姆

你给自己的生活打几分？

10 分。我非常幸福。

哪些事情让你感到幸福？

玩平板电脑，跟别人一起追追打打、玩玩闹闹，还有跟我喜欢的人抱抱。

你什么时候最幸福？

开生日派对的时候，还有第一次做一件超级有意思的事情的时候。

你什么时候最不幸福？

当别人生我气的时候。

幸福需要天分吗？

需要。每个人都各有所长，没有人能擅长所有事。不过，我的幸福可能跟其他人的幸福不一样。

小孩的幸福和大人的幸福一样吗？

不知道。

对于幸福，你有没有什么建议？

不要吵架。要是吵架了，那就和好。做一些有意思的事，只可惜，不是什么事都能做。

动物们幸福吗？

这是一个谜。

金钱能带给人幸福吗？

不能，绝对不能。要是有了钱，你就买得起所有东西，然后，你就再也没有愿望了。

幸福可以测量吗？

不能，做不到。它又不是液体。

幸福是可以创造的吗？

创造幸福，我觉得，这应该是做得到的。

对我来说，幸福就是……

我脑袋里的派对。

2. 幸福可以测量吗？

　　想象一下，你买的彩票中了一百万欧元，这辈子都不用工作了。那样的话，你想住在哪里呢？是寒冷的、平均气温只有 7 摄氏度的丹麦还是阳光明媚、可以穿着短裤到处跑的葡萄牙？

丹麦　　　　　　　　　　　葡萄牙

寒冷、7 摄氏度　　　　　　温暖、25 摄氏度

　　大多数人都会选择葡萄牙。然而，只要看看全球幸福指数，你就会知道，这个说法值得怀疑。葡萄牙排在第七十位，而丹麦却多年以来位列第一，现如今排名第二。挪威排名第一，瑞典第三，芬兰第四。所有斯堪的纳维亚国家全都名列前茅！对了，荷兰的排名也很不错噢，是第五名。

　　你和你的父母出生在哪里呢？这些国家在全球幸福指数排行榜上排第几名？为什么？

我的运气特别好，因为我就出生在不久之前还被誉为全世界最幸福的国家——丹麦。

　　丹麦人热爱舒适（他们称之为 Hygge[1]），这一定也是丹麦人如此幸福的原因之一。丹麦人用它来形容一切：舒适的袜子、舒适的睡衣，舒适还是一个动词——一起"舒适"一番。

　　为什么丹麦的排名这么高，葡萄牙却这么低呢？这到底是怎么测量出来的呢？测量的内容包括人们对自己的居住环境、生活的满意度，有没有足够的自由，接受的教育如何，以及在生活陷入困境时有没有一个可靠的政府为他们提供帮助。在丹麦，一切都稳稳当当的。那里的贫富差距不太大，而且丹麦人对政府很有信心。政府是大家的朋友，而不是敌人。政府不腐败，人们受到很好的照顾，这种感觉棒棒的。在葡萄牙，穷困的人更多，人们遇到问题时也没法依靠政府。这就引发了不确定性。在我一岁那年，我的父母离开丹麦，来到荷兰，于是我被狠狠地甩出了前四名，往下跌了几个位置。不过，我的运气还是很好的。根据另一个幸福指数——儿童幸福指数来看，荷兰儿童是排在第一位的。毕竟，这里的孩子们过得都很不错。大多数孩子都住在舒适的房子里，有学上，还能安全地在户外玩耍。况且，荷兰孩子可以大胆地说出自己的想法，能诚实地面对自己的父母，这也是一件让人高兴的事情。

---

1. 译者注：Hygge 是一个来自丹麦的词汇，意思是创造一种舒适的环境来提高幸福指数。这也成了丹麦人的一种生活方式。

你给自己的生活打几分？

　　世界上有各种各样关于幸福的研究调查，对人们的幸福感进行了评定。人们必须给自己的生活打个分，并且回答一大堆问题，例如对自己的居住环境是否满意、学到了些什么以及对自己国家的领导人有没有信心。所有的结果都会被装进大数据库这个信息中心里。

你认为幸福可以测量吗？
到底该测量些什么呢？

　　测量幸福并不是一件新鲜事。
哲学家杰里米·边沁（1748
年—1832 年）同样认为幸福

是可以测量的。

　　幸福和疼痛都可以被摆上天平，量化成一个数字。重点在于尽可能地消除痛苦，为尽可能多的人带来更多的幸福。为此，幸福的人就应该帮助不幸的人。金钱就是其中的一个方面。买得起吃喝的人就应该帮别人一把。这样一来，别人的不幸就会减少几分。而帮助别人的人也会感觉良好，毕竟救助别人是一件有意义的事情。

　　我自己对测量幸福有所怀疑。有些事情的确可以量化，例如人们能不能受到良好的教育、有没有带浴室和独立卧室的舒适住宅。然而，人的心境是会变的，满是泡泡的浴缸和大卧室并不是幸福的保障。

丹麦是世界上最幸福的国家，然而，它同样也是抗抑郁剂（降低不幸感的药片）消耗量最高的国家之一。芬兰的幸福感排名也很靠前，可是，那里自杀的人也很多。这种现象被称为"天堂的悖论"——明明生活在一个天堂一般的国度，坐拥财富、安全的环境、良好的教育、可靠的政府等一切，可是，人们还是觉得不幸福。有些人甚至觉得自己太不幸福了，都不想活下去了。

我偶尔也会想，丹麦之所以得到这么靠前的排名是另有原因的。我想起了我的奶奶，她已经过世了。小时候，我每年都会去丹麦探望她，那也是我最幸福的回忆。每每到了不得不回家的时候，奶奶就会去机场送我。我们会一起在机场喝杯咖啡。

有一回，机场新开了一家咖啡厅。我们想去尝个新鲜。可是，我们等了很久才等到服务员。好不容易咖啡被端上桌，却早就凉了。奶奶凑到我的耳边小声告诉我，她觉得这家新店一点儿也不好，那就要来账单付钱走人吧。跟随账单一起来的还有一张评价表和一支红色的铅笔。奶奶提笔写了起来。

服务：非常好——好——一般——差。奶奶选择了"非常好"。咖啡：非常好——好——一般——差。奶奶选择了"非常好"。您的整体印象：非常好——好——一般——差。奶奶选择了"非常好"。

我惊讶地看着她，小声问道："你这是在做什么？你明明非常不满意啊?"她揪了一撮大衣上的毛毛。"是啊。可是没必要让他们知道啊。"奶奶心满意足地放下手里的铅笔。她根本就没有如实填写问卷调查表,她的看法也不会伤害到任何人!

不过,我必须承认,每当我想起丹麦的时候,我就会自然而然变得更幸福一些。也许,当你想到你出生的国度时,也会有这样的感觉。虽然有一些令你感到幸福的东西是可以测量的,但是,归根到底,幸福感来自于内心深处,是无法衡量的。

名字：拉尔斯
年龄：10 岁
居住地：埃尔斯特

你给自己的生活打几分？

我们家超级好。我们没有受到贫穷的困扰，可以度假，可以做各种各样有意思的事情。值得打个 8 分。

哪些事情让你感到幸福？

你说的是去游乐场的那种幸福还是放松时刻的那种幸福？就好比经历了忙碌的一天，可以坐在车里听好听的音乐？其实，这两种都能让我感到幸福。

你什么时候最幸福？

这个问题好难回答啊。我觉得滑雪真是棒呆了：在大雪的包围下，嗖嗖地从山上滑下去。

你什么时候最不幸福？

有一次，我听说有些孩子去别的地方度假了，我觉得不太高兴。我的一个朋友在土耳其的沙滩上度假，而我却去了意大利徒步。不过，事情过去之后再想一想，我还是很高兴我们去了意大利。

幸福需要天分吗？

幸运的是，每个人都有自己的天分。你的天分也有可能是多思考。这个天分或许不能让你变得更幸福，但是它却很有用。

小孩的幸福和大人的幸福一样吗？

我自己还是一个小孩，所以我觉得这很难说。我认为游乐场很有意思，可我的妈妈却不这么认为。当我们去游乐场的时候，我就觉得我的人生到达了巅峰。但这时，我的爸爸妈妈却忙着处理非常实际的事情，例如家务事。我的妈妈很享受清晨的咖啡，我却从来不会想这么做。

对于幸福，你有没有什么建议？

多想想一切顺利的事情，不要想那些不如意的事。

动物们幸福吗？

幸福。我觉得它们很幸福，可是我们人类想得比动物多。动物们只要有吃的就很高兴，我们却对吃的习以为常。

金钱能带给人幸福吗？

短短一天是可以的。如果你长时间有非常多的钱，事情就会变了。

幸福可以测量吗？

不行。它是一种感受，感受是没法测量的。

幸福是可以创造的吗？

有些事情是命中注定的，比如出生在什么样的家庭。但是，你当然也能施加一些影响。拥有某个东西或者做某件事情的时间越长，幸福的感觉就越少。如果一个人每天都去游乐场，他也会觉得无聊的。

你的弟弟叫泰格。这个名字的意思是幸运。那么他是不是也特别幸福呢？

不是的。他只不过碰巧叫这个名字而已。我们差不多一样幸福。

对我来说，幸福就是……

非常奇特的事情。

3. 幸福是怎么产生的?

　　想一想,你不知道自己会出生在世界的哪个角落。也许是荷兰,也许是非洲;也许是卢杰布鲁克[1],也许是巴黎;也许是在小村庄里,也许是在大城市里。

●● ● **你有哪些最低要求? 想要过上幸福的生活,有哪些基础的需求呢?**

　　我们可以通过一个金字塔来描述人类的基本需求。这个金字塔也被称为马斯洛金字塔。它是这样的:

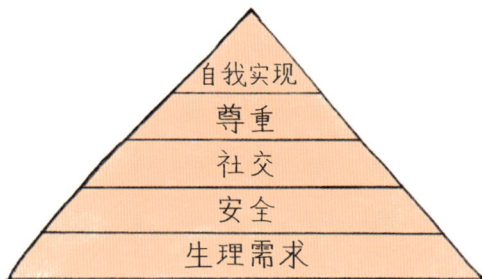

----

1. 译者注:卢杰布鲁克(Lutjebroek)是荷兰北荷兰省的一个小村庄。

你必须从下往上攀爬。只有当你实现了前一个等级后，才能爬向上一级台阶。想要生存，人们最先需要的是吃喝。有了吃喝，这才有了对安全的需求：有瓦片遮头，有地方安睡。

你不希望生活在战乱之中，或者成天担心受到别人的伤害。当这些都得到满足后，远离孤独就变得尤为重要。我们所有人都需要彼此间的爱、关注和联系。此外，你也希望自己能成为这个世界的一份子——拥有一技之长，并且为此得到他人的尊重，听到别人告诉你，有你真好。

金字塔的顶端是自我实现，这是自我发展的另一种说法。人类是一种忙忙碌碌的动物，喜欢学习新鲜的事物和发现自我。很多人参加各式各样的课程，为的是提高自己、学习新的东西。

人类是欲望满满的生物。我们的欲望包括热巧克力、一个拥抱或者《唐老鸭》。其中的一些东西是你切切实实需要的（拥抱就是其中之一，这一点已经得到了证实），不过，另外一些东西（热巧克力）就是"奢侈品"——每个星期都能读到《唐老鸭》并不是生存的必要条件。只不过，它能让你感到十分幸福。哲学家伊壁鸠鲁把欲望分为三个类型。他

认为，这其中包括了自然、必须的欲望，比如吃饭和睡觉。其次是非自然、非必要的欲望，比如多买一双新鞋子。多买的那双鞋子并不是活下去的必要条件。除此之外，还有自然、非必要的欲望，比如睡懒觉、喝美味的饮料。所有这些事情都能让人感到幸福，可是，要是失去了必要的东西，你就得不到额外的那些，因此，会变得没那么幸福。

对了，你还可以问问别人，什么能令他们感到幸福。此外，想要弄清楚幸福是怎么产生的，你就必须了解不幸是怎么产生的！

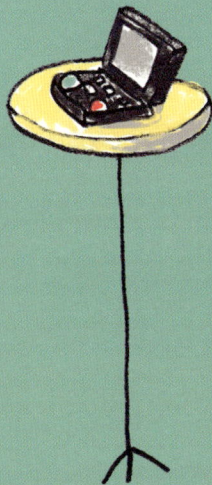

什么事令你感到不幸？

你最近一次感到十分不幸是什么时候的事？

你能画一座"不幸"的金字塔吗？例如，你会不会因为别人不愿意跟你玩而感到不幸（社交）？又或者，是因为不能发展自己的兴趣爱好（自我实现）？

反正，有三件事会让人感到十分不幸——拿自己跟别人做比较、强度过大的竞争和想要管控一切。

成天拿自己跟别人做比较的人总是觉得不满足。毕竟，世界上总有人会超过你或者比你强。对比会引发嫉妒，"绿眼妖魔"会从内心深处吞噬你。想想在社交网络上，你总能见到其他人尽情玩耍，开有意思的派对，出门度假，穿漂亮的衣服，如果你总是拿自己的生活和其他人放在网上的照片做比较，你就会感到十分不幸。

假如你总想超越别人，那么，竞争也会让你感到不幸。在东亚一些国家，孩子们每天都要在学习和写作业上花费十个小时的时间。放学后，他们还要去上补习班。有些孩子上完补习班还不算完，还得继续弹钢琴或者拉小提琴。十岁的韩国女孩秀真出了一本诗集，她在其中一首诗里提到，自己因为繁重的课业而感到不幸，心里很怨恨逼她去补习的妈妈。在震惊之余，她的妈妈没有因此而生气，她决定支持女儿，不再给她施加过多的压力。这件事让人们意识到，勤奋工作不应该是生活的全部，还应该关注自己的感受。

　　想要掌控和管理一切的人会变得不幸福。毕竟，你不可能预测出对方的所有反应。假如事情没有按照你的期望发展，你就会觉得失望。因此，哲学家塞涅卡（公元前 4 年—公元 65 年）认为，最好不要成天琢磨别人的心思，也不要管他们对你的看法。反正你永远不可能弄清，也左右不了这些想法。你能够改变的只有自己的想法。

　　人们常常沉浸在自己不满意的事情里，却把自己满意的事情抛在脑后。这也有一定的好处，毕竟，这能提高你自己的生活质量，并且鞭策我们不断进步。举例来说，不喜欢动手洗衣服的人便发明出了洗衣机。由此可见，牢骚和诉怨能带动新的发明创造。你确实可以没完没了地絮絮叨叨，忘掉自己原本可以为更多事情感到满意。但只要瞥一眼金字塔，你就会知道，你该多么庆幸自己不需要考虑诸如过夜、吃饭、上学一类的问题，这一切都是幸福生活的基础。我们早就对这样的生活习以为常，可世界上还有很多孩子却没有享受过这样的生活。

小贴士！ 每天都思考一下，今天发生了哪些让你感到幸福的事情。你可以尝试记幸福日记，并且给它取名为"幸福 100 天"。记录下每天所发生的开心事，写下幸福的时刻。你可以拍照，可以画画，也可以动笔写一句话。等你回头翻看这个本子时，所有幸福的时刻都会叠加在一起，再一次让你感到幸福！

　　小贴士！ 做一个专属于你的幸福骰子！在每一面都写上一件让你高兴的事。这下，你就可以跟你的小伙伴们一起丢骰子玩了。

　　骰子很容易做，你动动手就能叠出来了！到网上搜索"骰子的做法"就能学会了。你也可以买一个空白骰子回来自己写。

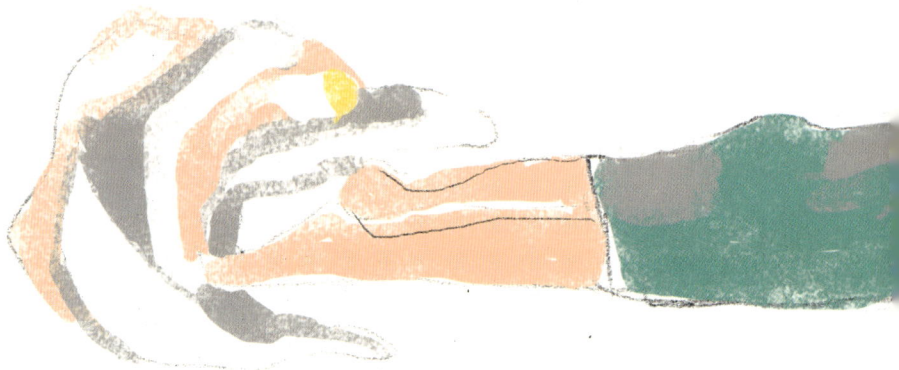

名字：鲁维

年龄：13 岁

居住地：阿姆斯特丹

你给自己的生活打几分？

9 分。我很高兴能上一所有意思的学校，能跟我的朋友们一起去那里上学；而且我的病也有药可治。不对，等一下，我应该打 10 分，因为我一点儿烦心事也没有。

哪些事情让你感到幸福？

看书，例如托尔金的书，还有其他增长见闻的书。还有打游戏，因为那样就可以跟朋友们一起玩了。还有钓鱼，我觉得钓鱼很美好。我养了一只乌龟。每当我路过小池塘，看见青蛙或鱼的时候，我就很高兴。当我在书里读到它们的时候，我也很高兴。

你什么时候最幸福？

是和爷爷一起在奥地利度过的时光。那里太美了，我们见到了各种各样的动物。而且我非常爱我的爷爷。

你什么时候最不幸福？

当我在新闻里看见别人的不幸遭遇的时候。我们可以采取一些行动，但是却没法解决。

小孩的幸福和大人的幸福一样吗？

不一样。小孩子只要能玩、能聚在一起就很开心了。大人们就算过得称心如意，还是会觉得不幸福。还有很多事物等待小孩子们去发现，他们也非常愿意学东西。

对于幸福，你有没有什么建议？

多看看自己拥有什么，而不是盯着自己没有的。想想世界上还有过得很艰难的人，为自己过得好而感到庆幸吧。

动物们幸福吗？

我认为，当它们得到陪伴或者生下宝宝的时候，它们的感觉会很好。不过，我不确定那个是不是幸福。

金钱能带给人幸福吗？

我很高兴能有一份兼职工作。可是，如果全世界只剩下钱，我会活不下去的。假如你被关在一个满地黄金的地方出不去，那么就算有再多黄金也没有用。这是我在马可·波罗的一本书里读到的。

幸福可以测量吗？

不能。你也许会为春天的到来或者花朵的盛开而感到高兴，又或者是因为通过了学校的考试。

幸福的可塑性有多大？你能影响自己的幸福吗？

有些时候是可以的。你可以去找朋友，还有做有意思的事。

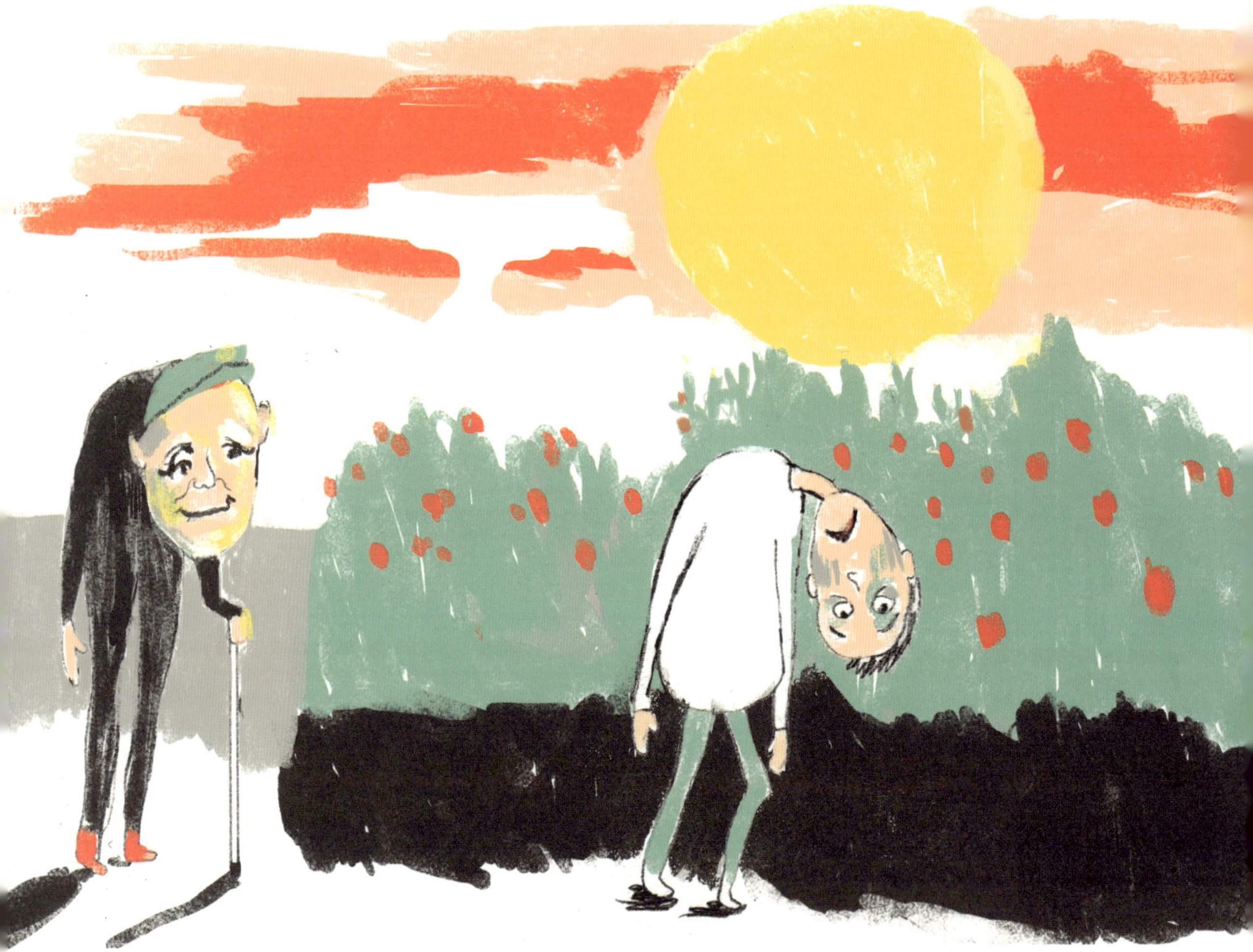

4. 幸福的可塑性有多大？

　　好吧，你有可能出生在埃塞俄比亚。那里很穷，而且食物短缺。你也可能出生在荷兰，这里的人们生活相对富足。这完完全全凭借运气。你的生活中也可能发生各种各样的事情。你的父母可能会生病，你可能会遭到校园霸凌，你也可能因为搬家而远离你最好的朋友。所以，幸福在一定程度上取决于你的出身，又在一定程度上取决于你的境遇。而且，它也取决于你的品行。有些人生来就比别人快乐，这就是性格造成的。当然，你可以努力改变你的性格，不过，它的一部分是与生俱来的。

你是乐天派还是玻璃心？

　　在有些人看来，幸福具有可塑性，这就意味着，你可以想办法让自己幸福。无论你住在荷兰还是埃塞俄比亚（地点），经历的是悲伤的事情还是快乐的事情（境遇），是玻璃心还是乐天派（性格），最重要的就是学会不要过多地关注你的消极想法。人一旦过分玻璃心就会丧失快乐。你必须积极起来。

　　多想想有意思的事情和发展顺利的事情。这样一来，你的压力就会减轻不少。这一点是可以学习的。如果能学会发掘事物阳光的一面，对于真正的玻璃心而言也是一件好事。毕竟，我们的想法决定了我们的感受。你可以训练自己：每当你的脑子里出现消极的想法时，就大喊一声："够了，停下！"同时选择不让自己陷入消极的想法中不可自拔。为此，荷兰哲学家勒内·古德（1957年—2015年）想到了一个有趣的办法——摇铃铛。每当他的想法变得消极的时候，他就会叮铃铃地摇动铃铛，提醒自己没完没了的惆怅毫无意义。他把这称为情绪管理。

积极的思考当然很好，可是，积极思考也可能显得十分冷酷无情，就好比：你应该积极地思考！你要是不这么做的话，咳，那就难怪你的情绪糟糕透顶了。这是一种危险的想法。要知道，生病的人常常被别人劝诫要积极一些。听起来，你的身体要是没能好起来，那就是你自找的，谁让你不知道积极一些的？但是，因为进展不顺利的事情感到担忧是人的自然反应。假如你任何时候都很积极，那反而证明了你很幼稚。

我们可以通过各种各样的练习让自己多想想好的事情。比如，你可以在每晚入睡之前反思一下，这一天经历了哪些好事。这个时刻真是太美好了。要不然，你也可以试试"正念"[1]。通过这种训练，你可以学会十分平和且又有意识地对待一切。在这一章的末尾，你会看到一个正念练习。

---

1. 译者注：指一种心理疗法，即有意识地关注当下的一切，但不做任何判断。

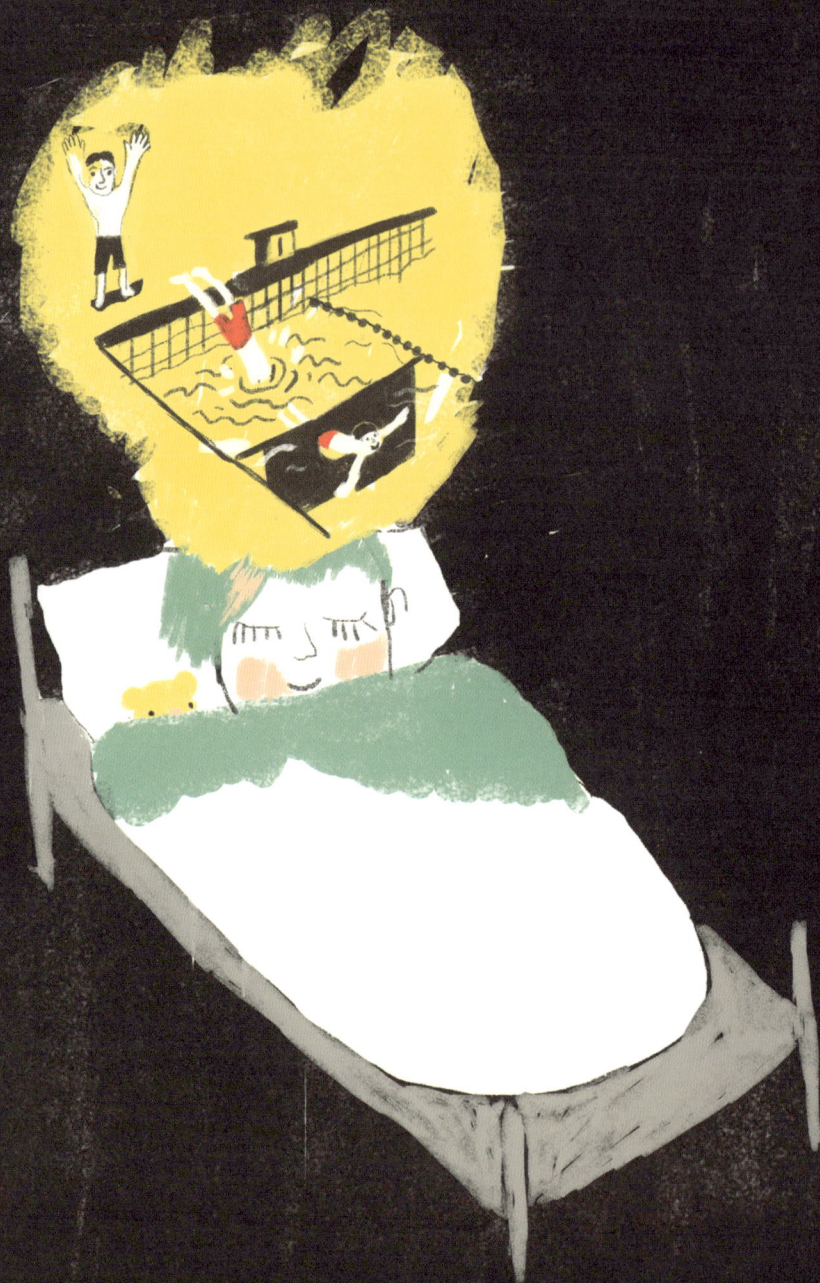

既然幸福是可以学习的，那么是不是也有幸福课程呢？当然有啦！有一门学科就叫"幸福学"，专门研究幸福是什么以及为什么每个人的幸福程度都不一样。

●● 你觉得你影响得了自己的幸福吗？

在荷兰，有一个被称为幸福学教授的人，他的名字叫派特里克·范黑思（1969 年—　）。他与他的妻子和三个孩子一起住在赞丹。他为人十分和善，读了不计其数与幸福有关的书，数一数能有 300 本吧。因此，他得出结论，我们能从小范围影响自己的幸福。其中一部分是由遗传基因决定的（30%），也就是从父母那里继承来的。这些是你与生俱来的品质，决定了你是天生乐观还是天生玻璃心；一部分是周围环境带给你的（45%），一部分是巧合（10%），还有一部分是个人状况，例如你的健康状况、居住条件、存款多少（15%）。大家最关注的往往是最后一部分：噢，要是那条裙子是我的就好了，或者是那辆自行车，有了它，我才会感到幸福！

可事实上，身外之物对你的幸福感产生不了多大的影响。派特里克把幸福概括为"目电人"。他的意思是说，世界上有三种让人幸福的东西，而你也能切切实实地对它们产生影响。"目"指的是目标——你想要实现什么样的愿望？比方说学会弹一手好钢琴或者读完某一本书？目标很重要，它们是你每天起床的动力。"电"指的是充电站——你在什么地方休息、怎么放松自己？你喜欢看电视还是喜欢舒舒坦坦地泡个澡？每个人都需要一个充电站让自己幸福起来。最后一个就是"人"——你有没有无话不谈又能一起玩耍的家人和朋友？你有没有心爱的人、相爱的人或者喜欢的人？当你感到不幸福的时候，你可以反思一下，自己的生活里是不是缺少了这三者之中的某一个。你的生活有目标吗？你有足够的时间休息吗？你的朋友够多吗？

幸福也许就是事事顺其自然的感觉。你处在自然的状态中——为某些事情而忙碌，并且沉浸其中，比如写作、画画或者创作音乐。你丝毫没有察觉到，时间一眨眼就过去了。这样的感觉好极了。

你有过顺其自然的经历吗？那是什么时候的事，感觉怎么样？

幸福没有可塑性，哲学家们如是说。你越追逐幸福，就会变得越不幸福。最好的办法就是不要过多地思考自己幸不幸福，而是有意识地珍惜幸福的时刻。幸福并不是靠着积极的态度就能得到的。说到底，幸福的人是懂得如何应对不幸福时光的人。要知道，不幸福的时光总是会有的，这一点是无论如何都不会变的。谁也不可能时时刻刻都很幸福。不幸福时不时就会折返，你还不如好好学学该怎么应对不幸福的时光，而不是双眼只盯着幸福看。于是，以后再遇到不顺利的时候，你的不幸福感或许就会减轻几分了。因此，这本书里也罗列了一些小贴士，告诉你怎么应对不幸福的时光。

小贴士！增加愉悦感的练习

如果你今天过得很不顺，那么这个练习说不定能让你愉快一些。

- 找一张椅子坐下，感受呼吸给身体带来的轻微摇摆。你可以闭上眼睛。

- 想一想有哪些令你满足或者骄傲的事情。无论大小都可以。

- 想象一下，一只七星瓢虫迎面飞来，落到你的胳膊上。这只小巧玲珑的七星瓢虫露出友善的笑容。它蹬着小细腿，沿着你的胳膊爬到你的耳边，告诉你你有哪些长处，讲起你聪明或者能干的地方。猜一猜，七星瓢虫在你的耳边说了些什么。

- 它带给你什么样的感受？你感觉怎么样？

- 保持你的满足感和骄傲。七星瓢虫想要提醒你，别忘了这一点！

- 继续平静地呼吸，体会一下你的感受。

（摘自：伊尔玛·斯梅亨，《宁谧中的玩耍——课堂上的正念》）

小贴士！ 当你觉得难过的时候，冥想也许能让你好受一些。找一个垫子坐下，把注意力集中在你的呼吸上。你有没有感觉到你的肚子就像一个小气球似的起起伏伏？尝试不改变呼吸，转而观察你的身体。这样一来，你同时还能观察自己的想法和感受。想法和感受来来往往，自然而然就消退了。通过这样的方式寻找内心深处的宁静有利于接受难过的情绪。冥想的目的不是变幸福，而是记录和接受自己的感觉。你不需要立刻对某种感觉做出反应，你要做的是观察它。通过这个做法，你也会意识到，不幸福的时刻总归会有，然而，它们也必定会过去。

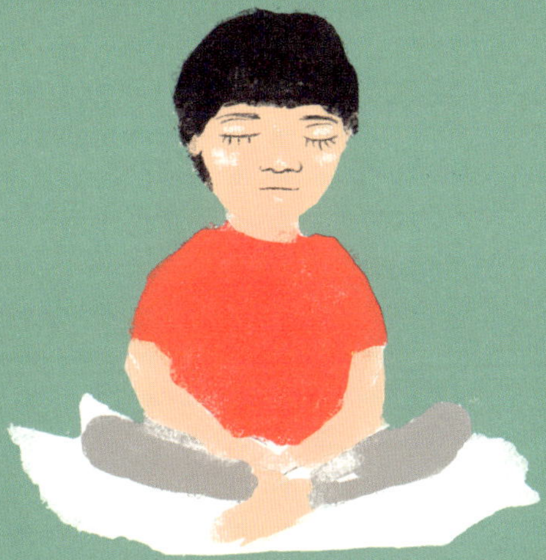

名字：泰格
年龄：8 岁
居住地：埃尔斯特

你给自己的生活打几分？
10 分。一切都很好、很顺心。

哪些事情让你感到幸福？
参加派对。派对上总是热热闹闹的。

你什么时候最幸福？
说不出来。我任何时候都很幸福。

你什么时候最不幸福？
当我没有伙伴的时候。

幸福需要天分吗？
不需要。没有天分也能幸福。

小孩的幸福和大人的幸福一样吗？
不一样。大人可以从休息中获得幸福，我的妈妈就是这样。可是小孩子们却从派对中获得幸福。

对于幸福，你有没有什么建议？
做自己就好了。

动物们幸福吗？
幸福。

金钱能带给人幸福吗？
不能，它不总是能带来幸福，除非是你想要买什么东西。可是，当你买了一些你并不想要的东西时，就不能了。

幸福可以测量吗？
我不知道。

你的名字叫泰格。这个名字的意思是幸福。这是不是意味着你获得幸福的几率比较高？
不是，它跟幸不幸福没什么关系。

对我来说，幸福就是……
既特别又高兴。

5. 长得好看能带给人幸福吗？

想象一下：你长得非常好看，赢得了《荷兰好声音》的冠军，有许多新衣服，还在社交媒体上收获了成千上万的粉丝，人人都想跟你交朋友！你想要成为这样一个人吗？

想，因为……
不想，因为……

你有很大概率会回答"想"。我们全都想成为好看、风趣、成功、被爱的人，难道不是吗？我们生活在一个注重成功的世界里，也生活在一个好看的人更容易成功的世界里。更聪明，更好，更幸福。

这就是"晕轮效应"。所谓"晕轮"，就是一种亮闪闪的光环，就像圣人头顶上的光一样。我们常常以为，如果一个人拥有了某样东西，例如美丽的外表，那么他也会获得其他的一切。你下意识地认为你对一个不怎么熟悉的人一清二楚。假如高年级的班里有一个衣着时尚、朋友成群的人，那么你就会自然而然地认为，这个人来自一个十分有趣的家庭，而且擅长运动、跳舞或唱歌。

単凭好看的外表是不能变幸福的，这一点合乎常理，不过，我们同样知道，好看的外表还是很有用的。人们会多看你几眼，也会给予你关注。无论我们怎么强调不能以貌取人，还是无法改变这个事实，那就是好看的人赚的钱更多，更容易交到朋友，甚至在犯错的时候所受到的惩罚也更轻。他们在这个社会中能得到更多好处。

外貌的重要性有时候会在人们不经意时显现出来。当47岁的苏珊大妈杀入《英国达人秀》的决赛时，人们议论纷纷：她穿着一条灰不溜秋的长裙，顶着个锅盖头，胖得要命，嘴唇上面还长了一层绒毛。人们猜测这是节目组存心安排的，毕竟还从来没有哪场达人秀出现过这样的情况。她明明可以在上台之前修饰一下自己的外表啊！她成了所有人谈论的焦点。这么说来，假如她是故意的，那么她的计划已经成功了！只不过，事实并非如此。苏珊大妈超级有才，之所以能闯入决赛与她的外表毫无关系。

人们容易对他人做出严苛的评判。不过，我们对自己的评判往往是最严格的。荷兰女性杂志《生活》里有一个题为"任何人"的专栏，十分滑稽。这个专栏里的人赤身裸体地出现在照片上，只是没有脑袋。他们指出了自己长得好看和不好看的地方。有些人觉得自己的屁股太大，有些人觉得自己的胸部太小或者脚脖子太细。通常，别人身上的这些特点很少会引起我的注意。我到底是怎么看待大屁股的呢？是好看还是不好看？你会留意自己身上的每一处，并且总想做出一些改变。很多时候，你想拥有的是别人的外貌。举个例子，假如你的头发很直，你就偏偏想要一头卷发；假如你的肤色很白，你就偏偏想要深色的肌肤。

你觉得自己哪些地方很好看？
你觉得自己哪些地方不好看？

把对象换成别人，再回答一遍这两个问题。大部分人身上都既有好看的地方，又有不好看的地方。

秘密任务：画出自己的裸体

人们在受到关注时会获得幸福感。我们喜欢听恭维的话，不喜欢讨人厌的话语。其实，你不应该在意别人的评价，可大多数人偏偏就是那么在意。我们渴望得到肯定，别人的恭维和关注给我们带来一种感觉，好像我们很不错。哲学家阿兰·德波顿在他的《身份的焦虑》一书中提出警示：把"好看"跟"成功"挂钩是很危险的。在他看来，我们混淆了爱和成功。我们以为受到恭维就等同于被爱，于是整天渴求他人的肯定。德波顿把我们的自尊心比作漏气的气球。它需要外界的爱所带来的补给，而且对于漏气处很是敏感，就算最小的洞也不例外。

有些人认为，美貌对女孩比对男孩更重要。因此，女孩们常常对自己的外表感到不自信。人们常对男孩说"你可真能干啊"或者"你怎么这么聪明"，对女孩说"你的样子真好看"或者"真是个漂亮姑娘"，这就促使女孩们竭尽全力让自己变得好看。

你玩社交媒体吗？似乎那上面的所有人随时随地都既好看又幸福。假如你整天注意这些软件，就会变得非常不自信。于是，不经意间，你自己也整天忙着上传新拍的照片，忙着折腾自己在照片上的模样。然后，你又开始整天查看有没有人给你的照片点赞，比较谁的点赞次数和好友人数最多。那么，你怎么才能避免让自己落入"好看→爱→成功→肯定"的圈套里呢？德国哲学家亚瑟·叔本华（1788 年—1860 年）曾经一语道破："他人的头脑对于承载真正的幸福而言，一文不值。"

换句话说，就是：别太在意别人对你的看法！美貌不仅仅局限于图片或者照片。重要的是你的幸福，而不是别人对你的看法。

小贴士！有一首温暖的瑜伽歌曲，歌名叫作"我很高兴，我很好"。当你感到不幸福的时候，只要你轻声地哼唱这首歌，就会觉得舒服多了。它还有配套的动作。你可以跟你的爸爸或者妈妈一起唱这首歌，可以跟一群人一起唱，也可以独自一个人唱。不管到了什么时候，听自己喜欢的音乐都是能提升幸福感的，跳舞和唱歌也是如此！找到一首让你高兴的歌是有益处的。每当你觉得自己陷入不幸的时候，就在脑海里唱响这首歌吧。

我很好看。

每个人都亲眼所见。

我很好看。

而且还又好又可爱。

偶尔有人差点脱口而出，

说我很好看。

一点儿也没错哦。

我很好看。

也许我太习以为常，

几乎忘了这一点。

所以我要大声地再说一遍：

我很好看。

一点儿也没错哦。

（摘自：伊尔玛·斯梅亨，《宁谧中的玩耍——课堂上的正念》）

名字：维多利亚

年龄：7 岁

居住地：阿姆斯特丹

你给自己的生活打几分？

9 分！假如我能做到再也不生气的话，那就能打 10 分了。

哪些事情让你感到幸福？

跟妈妈拥抱，还有爸爸。

做有意思的事情，比方说游泳戏水。

小兔子。这是我最喜欢的动物。

过生日。每到过生日的时候，我就又大了一岁。越大就越聪明，每年都可以升一个年级。

你什么时候最幸福？

当我出生的时候。我的生命从那个时候开始。虽然我哭了，但那是因为我觉得很冷。

你什么时候最不幸福？

当我的手腕断了的时候，还有我脑袋上破了一个洞的时候。那时候，我写不了字了，也不能刷牙。

长得好看能带给人幸福吗？

不能。就算长得不好看，也不见得会不幸福。

幸福需要天分吗？

不需要。当你遇到战争或者贫穷的时候，你就不太幸福了。

小孩的幸福和大人的幸福一样吗？

有时候一样，有时候不一样。小孩子有的玩或者通过游泳考试就能幸福。大人在赢得重要东西的时候会觉得幸福。

动物们幸福吗？

幸福，也不幸福。象宝宝死了的时候，象妈妈就很伤心。

对于幸福，你有没有什么建议？

有。多做特别有意思的事情，比方说游泳、玩、下雪天堆雪人或者打雪仗，为没有战争而开心。还有，用很多很多颜色。

6. 怎么让别人觉得幸福?

我要给你布置一个小任务, 今天之内赞扬一个人。这个人可以是你的爸爸或者妈妈, 可以是你的兄弟姐妹或者同班同学, 也可以是你的女老师或者男老师。但是你要注意! 你所赞扬的不能是外表。这也就意味着, 你不能说"这条裙子真好看, 妈妈"或者"发型很酷, 姐姐", 你必须说些别的, 而且要打心底里这样认为, 绝对不是随口说说而已。

● ●　**我今天要赞扬的人是……**

你有什么发现? 对方高兴吗? 他或者她听到你的赞扬开心吗?

这个实验的发现就是你能影响别人, 你的行为可以让别人觉得更加幸福。

● ●　**幸福可以当礼物吗?**

也许, 你还发现, 这事做起来怪怪的, 而且不那么容易。我们没有学过怎么赞扬别人, 总是说出别人不好的方面("你怎么这么笨!")。这些负面的评价会让人久久不能释怀。它们远比正面的评价更持久。可是，我们很少说好听的话。别人一说好听的话，我们就觉得对方是马屁精或者添油加醋了。

我认识一家人，他们家有四个孩子。有一回，这家人去一座美丽的小岛上度假，可是，他们根本没觉得那儿比家里更幸福。不仅如此，每个人都在发牢骚：床太硬了，天气太热了，脚趾头里夹了沙子，游泳裤穿着不

舒服。有一天，他们受够了彼此的抱怨和争吵。为了练习友善，他们在冰箱上挂了一块点赞板，在那上面为每一天竖大拇指（记录美好的事），同时，也尝试多多帮助彼此。最后，所有人都变得更加积极，对度假中遇到的不顺心的事也少了一些抱怨。

帮助他人，而不是首先想到自己，这样的做法就是"助人为乐"。佛家和伦理学家认为，这能带来幸福。不仅仅能带给对方幸福，还有你自己！他们说，帮助和给予能制造幸福。想要做到这一点，你就得跟别人感同身受。怎么才能做到感同身受呢？别人有什么感觉？你怎么才能帮助他们？

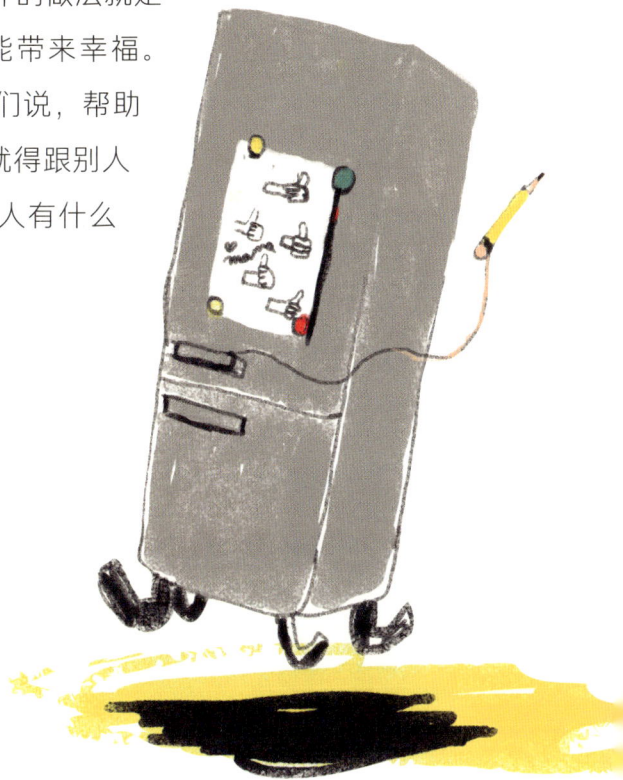

有没有人给你带来过幸福?

那个人做了什么?

你有没有给别人带去过幸福?

你为那个人做了什么?

　怎么让别人觉得幸福?

所谓共情，就是能与别人换位思考，这是可以练习的。比方说，你能想象受到贫穷或者病痛困扰的生活是什么样的，并且决定施以援手。举例来说，小孩子可以挨家挨户地敲门，靠卖儿童邮票筹钱，这些钱被送到世界其他地方的穷孩子手中。你也可以参加一项慈善活动，例如参加跑步比赛筹集善款。这种感觉棒极了。你为世界做出了一份贡献，而世界也因此增添了一份美好。荷兰广播电台节目《玻璃屋》就是一个很好的例子。

假如你发现别人不太幸福，你能做些什么呢？也许，你可以给这个人一些建议。不过，你要记住，你不能把你的建议强加在对方身上。说不定，只要耐心倾听对方的话语就足够了。有时这比现成的解决办法更有效。倾听、理解和支持也能让别人更幸福。对方觉得自己受到了重视和理解。想想看，你自己生气的时候是什么样的？你根本不想听到别人立刻指出你该怎么做——回你的房间，整理干净，不许生气。你反倒希望有人认真倾听你的心声，愿意弄明白你为什么生气。想要带给别人幸福，那就要先学会让自己幸福。所以，不要对自己太苛刻，接受偶尔犯错的自己。我们给这种做法起了一个好听的名字——自我共情。说白了，你偶尔也可以赞扬一下自己。

小贴士！ 每天用一句话赞扬自己 ——"自我赞扬"。再送给别人一句与外表无关的赞扬。

小贴士！ 做一块点赞板。在冰箱上挂一块白板，每天写一句关于某位家庭成员的好话。假如度假时，每个人都抱怨个没完，你也可以这样做。你可以贴上一张白纸，让每个人每一天都在上面写一句关于别人的好话。

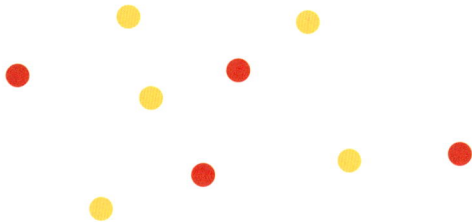

名字：摩娜
年龄：7 岁
居住地：阿姆斯特丹

你给自己的生活打几分？
9 分，因为一切都很好。我没有打 10 分，因为并不是一切都完美无瑕。每当爸爸和妈妈想偷偷在一起的时候，我就要照顾我的妹妹们。

哪些事情让你感到幸福？
跟别人一起玩，还有过生日，还有收礼物。

你什么时候最幸福？
我的妹妹们出生的时候。这跟她们是双胞胎没有任何关系。

你什么时候最不幸福？
四年级刚开始的时候，在学校不太顺利。所有人都一个劲地说我喜欢上了一个人，我根本就没有。

小孩的幸福和大人的幸福一样吗？
不一样。我的爸爸妈妈喜欢早早地上床睡觉，我却觉得越晚越好。他们觉得听音乐和一起躺在床上很幸福。

对于幸福，你有没有什么建议？
多做有意思的事情。比方说去别人家里玩。

动物们幸福吗？
幸福吧。

长得好看能带给人幸福吗？
不能。就算长得不好看，也能很幸福。

金钱能带给人幸福吗？
反正它不能带给我幸福。就算你有很多很多钱，你也不一定高兴。钱只要够用就好了，用不着一口气买上三五套别墅。

幸福可以测量吗？
不知道。

幸福的可塑性有多大？你能影响自己的幸福吗？你能决定它吗？
有时候能，有时候不能。幸福的时候能，不幸福的时候不能。不幸的事情也会发生在你身上。

对我来说，幸福就是……
有意思！

7. 金钱能带给人幸福吗？

某个视频网站上有一个搞笑视频，标题是《香蕉男孩》。一个五六岁的男孩得到了家人送给他的一份礼物，礼物被包装得很漂亮，他两三下撕开包装纸。里面是一根……香蕉！这个小男孩一蹦三尺高，大声喊道："香蕉！是香蕉！"

● ● ● **如果你的生日礼物是一根香蕉，你会高兴吗？**

男孩收到香蕉这么高兴，这当然很美好。他得到的不是昂贵的电脑游戏、衣服或者玩具，而是一根普普通通的香蕉。但他怎么会这么高兴呢？难道他从来没有收到过礼物吗？又或者他的家人没有时间、没有钱买些更好的东西？

在荷兰，拿香蕉当礼物是一件很怪异的事情。想想看吧，你最好的朋友在过十二岁生日那天办了一个派对。他邀请了所有人，也费了很多心思，而你上门的时候却只带了……一根香蕉。那真是太奇怪了。看起来，你根本不想动脑筋给他买一份好礼物；看起来，你们之间的友谊一文不值。我们常常通过礼物表达友谊和衡量情感的价值。假设，你没有把所有的零花钱都花在自己身上，而是节省下来给你的朋友买东西，那你对他可真是太好了。

假如你问人们，金钱能不能带来幸福，大多数人都会毫不迟疑地回答：能。要知道，有了钱，你可以想买什么就买什么。想象一下，某一天你一觉醒来，银行账户上突然多出了一百万！

如果你有一百万，你会做什么？

金钱不是决定幸福与否的唯一条件。毕竟，不是所有让人幸福的事物都能用钱买到。

有什么是用钱买不到，却能让人感到幸福的？

爱、友谊和健康是没法用钱买到的，而它们对你的幸福感而言偏偏非常重要。假如你问人们，他们拥有的最贵的东西是什么，他们的答案往往会是房子、车子或者首饰。但是，这些东西不见得就是最让他们幸福的东西。最让他们幸福的通常是一种经历，是一件他们做过的事情或者他们喜欢

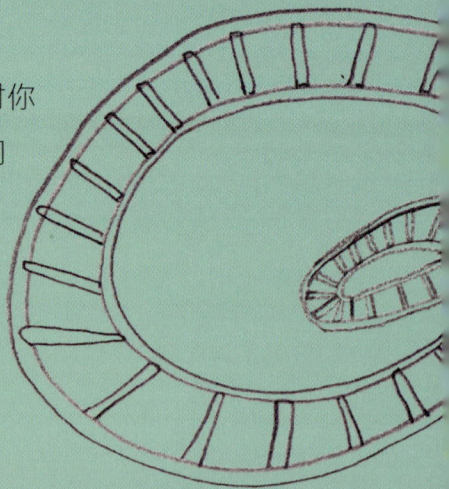

的人，是爱。因此，聪明的卖家兜售起了"经历"。他们说的是体验艾芙特琳游乐园（荷兰的主题乐园），而不是三张门票 100 欧元！还有：和你心爱的人一起体验一个浪漫的周末！

好吧，看来金钱的确不总是让你幸福或不幸福。可是，没有钱到底会怎么样呢？我们会不会变得不幸福？会的，从某种程度来说，就是这样。假如你真的一无所有，那么你会非常头疼。

- 你的父母是有钱人吗？
- 这是你们幸福的原因吗？

　　哲学家研究发现，金钱能让人变得更幸福，但这是有限的。大多数荷兰人的收入是每年三万欧元左右。当一个人的收入高出这个数字一点点的时候，他就会感到很幸福。然而，当你的收入远远超过大多数人的时候，比方说已经成了一个百万富翁，那么你的幸福感反而不见得会增加。当一

个人拥有很多很多钱的时候，他甚至还会变得有点儿不幸福。他周围的人会给他施加压力，他甚至会因为压力而紧张，或者沉迷于金钱。我就认识一个中了邮政编码彩票大奖的男人。他收到从四面八方寄来的信，全都是管他要钱的。为此，他变得郁郁寡欢。每个人都想从他身上捞点儿什么。

另外的一个发现就是：人们之所以会因为金钱而变得不幸福，主要是因为他们选择与别人攀比。一个著名的例子就发生在一条赢得邮政编码彩票的街道。这条街上的所有人都买了彩票，唯独一个人例外。通常来说，这个人也会买彩票，可是这一次他账户上的钱不够，导致彩票中心没能成功扣款。其实，这个人一直以来都生活得心满意足，可是这么一来，他突然变得闷闷不乐。他周围的每个人都买了昂贵的汽车，开始整修房屋。一时间，他的房子变成了整条街道上最小的，而他也成了"失败者"。他甚至向法院提出了诉讼。他认为，邮政编码彩票这种活动应当被明令禁止。不

过，他败诉了。

　　我的奶奶在 50 岁那年开始买彩票，她的梦想是坐着邮轮环游世界。一旦中奖，她就立刻出发！到她 98 岁那年，她已经买了 48 年的彩票，却一次都没有中过。算起来，她在彩票上花的钱也不少了。我曾经问过她："你不觉得这很浪费吗？"她说她并不这么觉得。她依旧每个月做梦，并且以此为乐。假如有一天，她的梦想实现了，她也许会吓一跳。毕竟，从她 90 岁开始，她就不愿意再出门旅游了。

　　小贴士！今天，分享给别人一些东西，看看你有没有给别人带来幸福。学会分享会让你的幸福加倍！

名字：劳拉

年龄：11 岁

居住地：哈勒姆

你给自己的生活打几分？

9.5 分。我的生活好极了，没有什么不顺心的。但是，没有人是完美的。

哪些事情让你感到幸福？

人们能接受真实的我，我也可以做真实的自己。

你什么时候最幸福？

当老师同意我上重点中学的时候，我完全没有想到，这太令我兴奋了。这样，我就有了更多上大学和工作的机会。

你什么时候最不幸福？

不知道。但是，当我不得不离开朋友们去上中学的时候，我会觉得不幸福。只不过，这些很快会被抛到脑后，我会结识新的朋友。

小孩的幸福和大人的幸福一样吗？

我觉得不太一样。我妈妈觉得看书很幸福，我觉得出门玩很幸福；我妈妈觉得吃香蕉很幸福，我觉得吃白巧克力很幸福；我妈妈喜欢看成果，我喜欢待在一个群体里。

对于幸福，你有没有什么建议？

不要死。享受生活就好了。任何事情都会过去的。

动物们幸福吗？

没概念。不过，我觉得应该是幸福的。我觉得，当猴子跟自己的家人在一起时就是幸福的。

金钱能带给人幸福吗？

有时候可以。如果有很多钱的话，就能买很多东西，比方说白巧克力。可是，如果没有钱的话，同样可以很幸福。我觉得，能不能拥有很多东西并不是很重要。不过，可以选择的感觉还是挺好的。

长得好看能带给人幸福吗？

如果天生就长得好看，那就太好了。可是，就算天生长得不好看，也不应该动手脚让自己变得好看。长得好看的确能给人带来一点点幸福，毕竟这个世界还是注重外表的。

幸福可以测量吗？

不可以。它是内在的。

幸福是可以创造的吗？
当然可以。当我伤心的时候，我可以给别人打电话、跟别人见面。

对我来说，幸福就是……
发现新的事物，跟别人在一起，友好地对待彼此。

8. 动物们幸福吗?

你有没有见过动物开心得一蹦三尺高? 有没有听过它们回答幸不幸福这个问题?

你觉得动物会感到幸福或者不幸福吗?

有些动物看上去就是一副臭脾气的模样, 例如哈巴狗, 还有鳄鱼。也有些动物看上去随时随地都很幸福, 例如海豚, 它能高兴得跳起来。还有短尾矮袋鼠, 这种生活在澳大利亚的小个子袋鼠被人们称为世界上最快乐的动物。短尾矮袋鼠似乎随时随地都做好了上镜的准备——脸上笑盈盈的。当然了, 我们不能完全肯定, 动物脸上的笑容一定代表幸福。我们能够肯定的是, 动物可以表现出自己是在享受还是在遭受痛苦。假如小象宝宝死了, 母象的姐妹就会来到它的身边, 陪它一起跟象宝宝道别。当厄运降临的时候, 它们会相互扶持。假如幸福是一种感觉, 而你又很想知道动物们幸不幸福, 那么你就先要弄清楚它们有没有感觉, 动物保护主义者认为是有的。猪被送进屠宰场之前会凄惨尖叫, 鱼能感受到压力, 猫咪享受抚摸时会咕噜咕噜叫个不停。

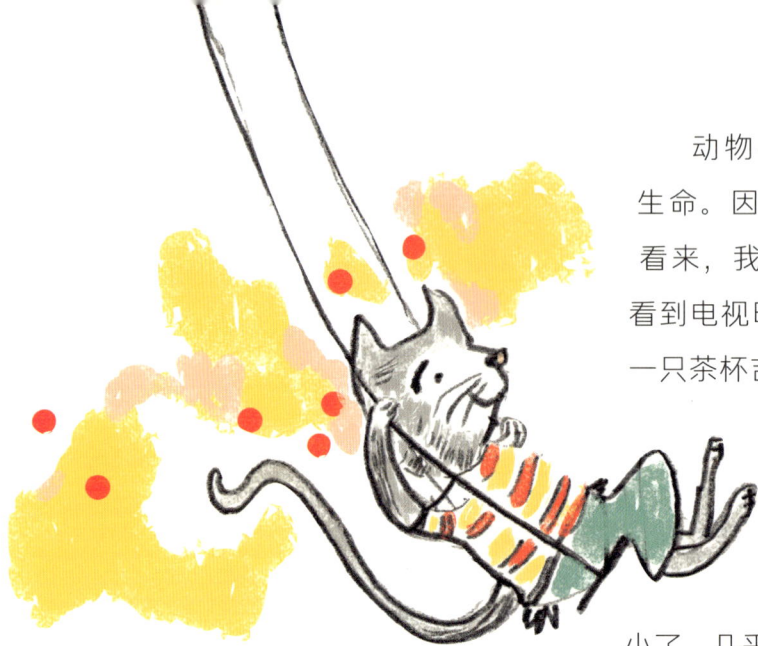

动物不是木头，而是鲜活的生命。因此，在动物保护主义者看来，我们应该善待它们。他们看到电视明星帕丽斯·希尔顿养了一只茶杯吉娃娃时，便气不打一处来。这种小狗是人工培育出来的。也许它们的模样看上去很可爱，可是，它们的头太小了，几乎装不下一个大脑。也许，它给帕丽斯·希尔顿带来了幸福，可是，小狗和包包不一样，不是用来秀的。假如你相信动物感觉得到快乐和痛苦，也认为幸福代表着快乐的感受，那么，动物也就能感觉到幸福。至于动物的幸福感和人类的幸福感是不是一样，我们就不得而知了。我们之所以相信动物能体会到幸福，是因为我们从小就读到很多关于动物的故事。许多童书和电影都是以动物为主人公的，它们会笑，会哭，会高兴，会悲伤。迪克·布鲁纳用画笔创造了全荷兰最著名的兔子——米菲兔。她高兴的时候会张开双臂，不幸福的时候就会哭。再想想青蛙弗洛格的故事吧。《爱的奇妙滋味》讲述了青蛙在某一天的奇怪感受——一边觉得冷，一边觉得热。他的心怦怦地跳个不停，他发现自己陷入了爱情，喜欢上了一只鸭子。他想尽一切办法吸引鸭子的注意力。他摘了花，也画了画，他感到非常不幸福，因为他深深喜欢着的白鸭子完全不搭理他。直到自己的爱恋得到回应，青蛙弗洛格才感受到了幸福。除了这些之外，当然还有各种各样的动物电影。《欢乐好声音》讲述了一群参加选秀比赛的动物。一只害羞的青春期小象放手一搏，通过歌声放飞自我。

她幸福极了！《爱宠大机密》讲述了动物们"真实"的生活。每当它们的主人出门工作的时候，它们就释放出自己真正的情感：吵架、闹翻天、胡作非为，还把零食吃得一干二净。

　　有些人认为，这些作品让我们对动物产生了不小的误解。在现实生活中，大多数动物根本没有那么可爱和温顺。它们不会结婚，也不会相爱，只会通过交配繁衍生息。大自然是残酷的，弱肉强食。动物也从不考虑自己的情感。说得更直白一些，它们压根就没有情感。动物拥有的是本能，是原始的冲动，是帮助它们活下去的即时反应。这么说来，猪之所以会在进入屠宰场之前凄惨尖叫是出于求生的抗争，而不是因为过得不幸福。所有图书和影视作品中那些幸福和不幸福的感受都是我们人类附加上去的。

　　无论动物们幸不幸福，它们与人类之间都有一个显著的差异。人类写下关于动物的书和诗歌，以动物为题材拍电影、画画。如果我们往猴子手里塞一把刷子，它倒是也能画出些东西来，可是，它不能为它的图画编织出一个故事来，也写不出一本讲述人类多么幸福的书。

　　人类有能力思考关于幸福的问题，也有能力书写关于幸福的故事。至于这些思考能不能让人类变得更幸福，我们就不得而知了。不过，时不时地思索一下也是有好处的。

很久
很久
以前……

毕竟，无论幸福还是不幸福，它们都是我们生命中的组成部分。通过思考，你能更好地了解自己和他人。

小贴士！ 我们能从动物身上学到很多东西。世界上有各式各样的动物流瑜伽练习，能带给你舒适的感觉。你可以试试蛙跳，也可以试试在你被气得怒火中烧的时候像狗一样呼吸——伸出舌头喘粗气！

名字：多尔夫·菲鲁恩
年龄：89 岁
居住地：圣尼古拉斯哈
职业：童书作家

你给自己的生活打几分？

有时候打 10 分，有时候打 2 分。当我完成一本新书的最后一个字时，我会感到无比幸福，那个时候就是 10 分。当我走不出跟自己拧巴或者跟别人吵架的阴影时，那就是 2 分。总体而言，我给我的生活打 10 分。毕竟，我一生都在从事自己最喜欢的事情——写作。

哪些事情让你感到幸福？

写作。

你什么时候最幸福？

那就是有人问我愿不愿意写一本书，当作儿童图书周礼物送给大家的时候。他们居然跪下来求我！我的年岁越来越大，不过，就在这个时候，我收到了这份邀请。我欣喜若狂。当然了，我还得花时间写……只不过，那一刻的我自信满满，这让我感到十分幸福。

你什么时候最不幸福？

那就是我无法与自己和解的时候，还有茫然不知所措的时候。不过，这些也是我生活的一部分。

这就是成长，即便你觉得自己不应该活在这个世界上。当我发现自己和周围的世界格格不入的时候，我就是那样觉得的。

幸福是什么感觉？
幸福就是觉得飘飘然。比方说，看着一样东西，思绪随着它一起飘走。

如果你经历了战争，那么你对幸福的看法会有什么样的改变？
如果经历过战争，你就会把很多东西都隐藏起来。不过，战争年代的我也没有觉得特别不幸福。

小孩的幸福和大人的幸福一样吗？
是的。他们的感受是相同的。

对于幸福，你有没有什么建议？
有。时刻尝试。比方说，假如你跟人吵架了，只要你尝试解决矛盾，就一定会有所收获。假如你不知所措，那就去做些尝试！别把自己逼得太紧了。

动物们幸福吗？
看看我花园里的小鸟吧，它们拥有一个十分奇特的世界。不过，我觉得，无论动物还是人类都会因为自由而幸福。因此，我反对把动物关在笼子里或者送进马戏团。

应该让它们生活在自然状态中。一切强加的东西都会让人感到不幸福。对孩子们来说，让他们做适合自己的事情是很重要的。

长得好看能带给人幸福吗？
不能，除非是有内涵的好看。外貌是与生俱来的，不是自己动手做出来的。懂得与自己和谐相处的人是幸福的。

金钱能带给人幸福吗？
我穷过，也富过。金钱并不能带给人幸福，可是，没有金钱也很麻烦。在我很穷的时候，税单从天而降，让我几近崩溃。我一直都害怕贫穷，贫穷意味着丧失自由，可是幸福偏偏又离不开这些自由。因此，在很长一段时间里，我都不想要邻居。有些邻居就是很烦人。现如今，我耳背得厉害，再也不会受到干扰了。

你能影响自己的幸福吗？
当然能啦！人类具备自我修正的可能性。我从来不会因为实际的事情而抱怨。我忙忙碌碌，尽一切努力让自己摆脱不幸福。

对我来说，幸福就是……
写作，还有良好的关系，尤其是能带给对方附加值的那种。把生活看作财富。

9. 结语
你到底多幸福？

从此，他们过上了幸福的生活——这是所有童话故事的结尾。刚开始的时候，生活一团糟：来了可怕的女巫，有人走丢了或者跟父母失散了。然后，有一天，公主遇到了她的真命天子，所有问题都迎刃而解，他们终于可以过上幸福的生活了。在童话故事里，幸福是好不容易实现的，也是永恒的。但是，幸福其实是转瞬即逝的，既不是终点，也不是早晚会实现的东西，就像埋藏在彩虹尽头的一坛金子[1]。诗人贺拉斯（公元前 65 年—公元前 8 年）曾经警示过世人：生命稍纵即逝，要珍惜当下，换句话说就是——把握现在！

---

1. 译者注：古时的欧洲人认为，彩虹两端所及的位置是吉祥之地，能挖出一坛金子或珍宝。然而事实上，彩虹不会与地表相接，那两个端点根本无处可寻，也就不存在什么金子了。这句话常被用来比喻可望而不可及的财富。

在寻找幸福的人们的口中，"及时行乐"成了他们的口头禅。他们的意思是"珍惜当下"，或者说是"活在当下，享受当下，时间会从指缝间溜走"。既然时间无论怎样都会过去，那么我们可以整天只做有意思的事情吗？

说来也怪，真要是那样的话，你也会觉得不幸福。要知道，一味地做有意思的事情，时间久了，也会变得无聊而且费钱。况且，你不仅仅满足于眼下的幸福，还希望今后也一直幸福下去。因此，你就必须寻找一种让你既健康又幸福的平衡——上学和出门玩耍、体育运动和静坐、吃饭和睡觉。

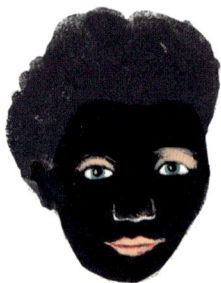

你也可以考虑一下，你愿意在手机和电脑屏幕上花费多少时间。你知道吗？等你到了八十岁，你

花费在屏幕上的时间少说也有九年。九年啊！无论游戏多好玩，视频多好看，这跟整天只做有意思的事情是一码事——只有当一件事情有些不同寻常的时候，你才能获得真正的享受。

幸福也跟你身处的人生阶段相关联。有的时期很幸福，有的时期不太幸福。就拿青春期来说，大多数青少年都睡得很多，满腹牢骚，嫌弃父母。他们不确定自己的外表够不够好看，也不确定会不会有人喜欢上自己。这些与荷尔蒙脱不了干系。你的身体正在发生飞速变化和成长。并非所有的荷尔蒙都是幸福的物质。事实恰恰相反，这个时期可能是不幸福的——你必须重新认识自己。我是谁？我想要

什么？我长大了要做什么？我够好、够有趣、够可爱、够好看吗？之后就到了大学时代。对许多人来说，这是一段非常幸福的时光，然而，在这段时间里，你可能也会担心自己的选择对不对以及钱够不够用。之后是工作时期——压力来了！不过，钱倒是多了一些。然后，你可能会有孩子。他们给你带来了许多幸福，却也夺走了很多自由。于是，另一些事情给你带来幸福。有些人会在休闲和安静的时候感到幸福。

说到幸福，孩子们具备一些优势。一般来说，他们的忧虑更少，自由的时间更多。他们更容易交到朋友，更不容易孤独。只不过，我们对孩子的期待也越来越高。他们必须考出好的成绩，培养各种各样的兴趣爱好，每天放学后还要参加各类活动，从钢琴到曲棍球，再到游泳。

问问你周围为人父母的人，比如你的父母，最令他们感到幸福的事情是什么。

有一个好消息要告诉你：我一直坚信，幸福或多或少是可以习得的。我之所以知道这一点是因为每当生活不顺利的时候，我就会没完没了地抱怨。但是，我们可以学习如何应对不幸福的时刻，学习怎么接受和表达自己的感受。我们也可以学着偶尔停一停、想一想，环顾一下四周，享受一切称心如意的事情和所见到的美景。

你的生活中有哪些让你感到幸福的事情？

哪些事情让你感到不幸福？

有一个不得不学习幸福的人，那就是哲学家让 - 雅克·卢梭（1712 年—1778 年）。他的生活过得极其不幸。他有过五个孩子，可是他认为自己无法胜任父亲的角色，以至于这些孩子无一例外地遭到遗弃。他的婚姻也破裂了。然而，他偶尔也会体会到幸福。

　　有一天，卢梭坐在小船上，在风景如画的湖面上漂荡。那一刻，他把生活中所遇到的各种不幸抛到了脑后，把还没完成的事情也抛到了脑后。他享受着蔚蓝的天空，享受微风拂过他的肌肤，享受阳光照射在他的脸上。他觉得心中无比宁静。他说："我觉得很幸福，因为我的灵魂不期盼别的状态。"所以说，幸福不是你向往的终极目标，而是一种时不时出现在你生活中的东西。有时候，它偏偏在不经意的时候出现，你却能感受到——此刻，一切安好。

谢谢你们！

其实，这本书的诞生十分偶然。

我和我的出版商玛利斯卡·布汀一同坐在咖啡店里。

我喝着一杯满是泡沫的卡布奇诺，想着这一刻的自己多么幸福。孩提时，我可没有咖啡喝。玛利斯卡提到，她的儿子丹尼尔把幸福叫作"他脑袋里的派对"。

这天晚上，我问我的女儿维多利亚，什么是让她幸福的事。她说："玩，吃冰激凌，还有，用很多很多颜色。"那段对话很有趣。我找了另一些孩子交谈，例如我的外甥拉尔斯和泰格（这个名字是幸福的意思！），还有劳拉、摩娜和鲁维。

于是，就有了这本关于幸福的书。任何一本书都不是凭借一个人的力量完成的。

我非常感谢接受采访的孩子们。感谢玛利斯卡·布汀提供的各种好主意。感谢在弗里斯兰省备好茶和点心迎接我、与我大谈幸福的多尔夫·菲鲁恩。

感谢卡斯特-杨内克·洛噶尔绘制了让人幸福的插图。感谢保琳·斯梅尔德斯让这本书的内容越来越好。

感谢玛利斯卡·考克为本书提供精美的设计。

另外，还要感谢洛特·彦森、马丁·威赫斯和维多利亚·多纳达。没有他们，我就体会不到现有的幸福。

斯汀娜·彦森

《哲学家写给孩子的二十封信：你的困惑这里都有答案》

为什么艺术家的画还没有小朋友的涂鸦好看？

为什么不喜欢别人送的礼物，却不能直接说出来？

为什么我老是得听爸妈的话，不能自己做主呢？

为什么大家都说要"做自己"？"我自己"究竟是谁呢？

这些天真烂漫的问题都是哲思的小萌芽！它们直率、简单，却让哲学家们思考了上千年。孩子们将困惑写进了二十封信里，寄给了荷兰超人气学者、"孩子们的哲学家"斯汀娜·彦森。

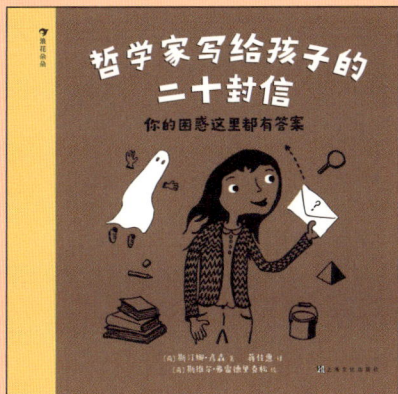

从生命的意义，情绪的探究，到科技的变迁，斯汀娜将十余位哲学家的经典理论信手拈来，把古老的哲学智慧与现代的生活思考融合在一起，变成了一封封温暖又富有哲理的回信，回答每一个小孩子心中的"大问题"。

二十个来自真实生活的问题，

二十场关于哲学的轻松对话，

每个孩子都是天生的哲学家。